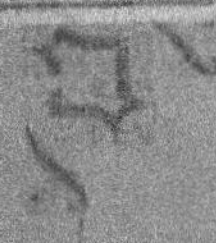

DÉPARTEMENT DES BOUCHES-DU-RHÔNE

CHAMBRE CONSULTATIVE

D'AGRICULTURE

De l'Arrondissement d'Aix.

SESSION DE 1863.

Délibérations.

AIX
IMPRIMERIE REMONDET-AUBIN, SUR LE COURS, 85.

1863

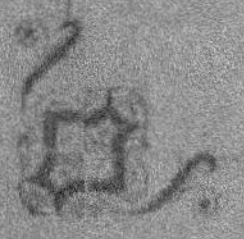

CHAMBRE CONSULTATIVE

D'AGRICULTURE

De l'Arrondissement d'Aix.

SESSION DE 1863.

Délibérations.

AIX

IMPRIMERIE REMONDET-AUBIN, SUR LE COURS, 55.

1863

CHAMBRE D'AGRICULTURE

De l'Arrondissement d'Aix

(BOUCHES-DU-RHONE).

SESSION DE 1863.

Séance du 15 Juin.

La Chambre Consultative d'Agriculture de l'arrondissement d'Aix a ouvert sa session ordinaire de 1863, le 15 juin, conformément à l'arrêté de M. le Sénateur, chargé de l'administration du département des Bouches-du-Rhône, en date du 20 mai dernier.

Présents :

MM. Le Baron de FARINCOURT, Sous-Préfet, Président ;

De BEC,

BERNARD,

De FLORANS,

FURET,

De SAPORTA,

Et BARTHÉLEMY, Secrétaire, nommé en cette qualité par arrêté de M. le Sous-Préfet, en date du 27 avril dernier.

I. — Nomination d'un Vice-Président

En première lieu, il a été procédé à l'élection d'un Vice-Président.

M. de Bec a été maintenu dans ces fonctions à l'unanimité des suffrages.

II. — Budget de 1863.

M. le Président invite la Chambre d'Agriculture à procéder à la présentation de son budget pour l'exercice 1863.

La Chambre propose d'établir ce budget de la même manière que ceux des exercices antérieurs, savoir :

Indemnité au Secrétaire de la Chambre. . 200 fr.

Frais d'impression et achat de publications
et ouvrages d'agriculture..................... 140

Frais de bureau........................... 10

Total........... 350 fr.

III. — Produit des Récoltes.

Réponses aux questions posées par le Programme.

QUESTION. — Quel a été, d'une manière générale, pour l'arrondissement, le résultat de la dernière récolte, et quelles espérances peut-on concevoir pour la prochaine récolte?

Réponse. — En 1862, la récolte a été inférieure à la moyenne pour les céréales ; moyenne pour la vigne ; ordinaire pour les amandes et mauvaise pour les olives.

En 1863, la floraison des céréales s'est généralement accomplie dans des conditions favorables ; bien que les blés soient clair-semés et que les épis soient peu fournis, la récolte présente cependant une meilleure apparence que l'année dernière, à pareille époque, et le résultat sera incontestablement plus favorable, si la maturation des épis, qui a bien commencé, n'est pas contrariée par des accidents atmosphériques.

Les légumes et les plantes sarclées se présentent également dans de bonnes conditions.

Sauf les ravages qui pourront être causés par l'oïdium, l'apparence de la vigne est assez satisfaisante.

Les amandiers donneront une demi-récolte.

Les oliviers sont couverts de fleurs ; mais comme ils sont à peine à la première période de la fructification, on ne peut rien préjuger sur leur produit. Pour le moment, leur apparence est très belle.

IV. — Vigne.

Question. — Quelle est la situation de l'arrondissement, au point de vue de la maladie de la vigne, et quels sont les cépages qui ont le plus résisté à l'oïdium ?

Réponse. — Jusqu'à présent l'oïdium a moins d'intensité que l'année dernière, à la même époque.

Les localités où la maladie a sévi dès l'origine, et celles où elle n'a pas tardé de se montrer, ont été ravagées plus ou moins complétement. Les vignobles, surtout ceux qui étaient âgés, n'ont pas tardé à succomber. Les plus compromis ont dû être arrachés ou n'ont plus donné que des récoltes incertaines ou même nulles ; le soufrage qui aurait pu être d'un très grand secours n'a pas été assez généralement ni assez soigneusement pratiqué soit par ignorance, soit par incurie, soit par crainte de dépenses non suivies de succès. Depuis ces derniers temps, le soufrage tend à s'introduire surtout dans les pays où la culture de la vigne est dominante et encore plus pour préserver les plants jeunes et vigoureux que pour guérir les anciens qui, généralement, ont été abandonnés. Partout où il a été possible, après l'arrachage des vieux plants infectés, de les remplacer par de nouvelles plantations, on a obtenu presque toujours de bons résultats, les jeunes ceps se trouvent moins exposés aux ravages de la maladie et se montrent vigoureux et sains dans les mêmes lieux et souvent dans le même champ où les vieilles souches avaient succombé. Sous le double point de vue de la préserva-

tion du mal et de la vigueur communiquée à la végéta-
tion des vignobles, l'opération du soufrage ne saurait
être assez recommandée.

Dans un assez grand nombre de localités et surtout
dans les terres fortes et rougeâtres, les vignobles ont
été exempts de l'oïdium dès l'origine de la maladie.
Ces localités ont continué depuis à n'en pas souffrir.
Cette circonstance tient, sans doute, à quelque cause
provenant de la nature du sol ou de la culture qu'il serait
important de connaitre, car on remarque que les treilles
et les vignes en espalier et celles cultivées dans les jar-
dins ont été ravagées même dans les endroits où celles
des champs ne se montraient pas atteintes.

Dans les divers cantons de l'arrondissement, on a
remarqué que le plant de *Roussillon*, vulgairement ap-
pelé *Grenache*, a le plus résisté à l'oïdium. On cite encore le *Piquagnan* dans le canton de Berre et le *Mor-
vède* dans le canton de Gardanne.

V. — Maladie du noir de l'Olivier.

QUESTION. — Rechercher les moyens d'arrêter et de
combattre les ravages de la maladie appelée *le Noir*, qui
attaque les oliviers.

Réponse. — Le *Noir* ne s'est montré jusqu'à présent que sur les points de l'arrondissement les plus rapprochés de la mer.

On ignore absolument la cause et la nature de cette maladie. Aussi, les divers essais qui ont été tentés dans le but de guérir les arbres malades ont-ils été à peu près infructueux. Afin que les expériences ne soient pas faites au hasard, il est à désirer que la maladie soit, au préalable, scientifiquement étudiée. Il est évident, en effet, que si l'on parvenait à déterminer la nature de la maladie, les expériences se feraient avec plus de fruit et pourraient amener plus sûrement à la découverte d'un spécifique.

En conséquence, et en raison de l'importance de la culture de l'olivier dans la Provence, la Chambre d'Agriculture émet le vœu que des hommes spéciaux soient appelés à étudier la maladie du *Noir*, et afin que cette étude soit plus complète et plus approfondie, elle exprime le désir que l'examen se fasse, non sur des branches détachées d'arbres malades, mais sur place et dans les localités infectées.

La Chambre d'Agriculture croit devoir mentionner en outre (mais sous toute réserve et seulement à titre de renseignement destiné à servir de nouvelles expériences), un remède qui paraîtrait avoir été employé avec quelque succès contre la maladie dont il s'agit. Le minerai sulfureux de la mine des Tapets, près d'Apt (Vaucluse), est signalé comme un bon spécifique. Ce minerai, qui contient 55 pour cent de soufre dans un mélange natif d'un calcaire marneux et qui se vend trituré et bluté, peut être employé au moyen de soufflets comme le soufre pour la vigne.

VI. — Culture du Coton.

QUESTION. — Culture du coton, ses chances de succès dans l'arrondissement et moyens d'encouragement ?

RÉPONSE. — La culture du coton ne paraît pas pouvoir trouver place, même provisoirement, dans l'arrondissement. Cette culture exige des conditions toutes particulières de sol et de climat que n'offrent pas nos contrées. La maturité des gousses n'arrive qu'en fin septembre, et plus souvent même en octobre et novembre, c'est-à-dire l'époque des pluies qui, à ce moment, pourrissent les produits.

D'un autre côté, on ne peut espérer une longue période de hauts prix qui, seuls, rendraient les faibles récoltes obtenues suffisamment rémunératrices.

On ne pourrait songer sérieusement à l'introduction de cette culture que si l'on parvenait à offrir aux agriculteurs une variété de coton très hâtive et mûrissant en août ou au commencement de septembre au plus tard. C'est à la recherche de cette variété qu'il conviendrait de s'appliquer avant tout et d'offrir des encouragements.

VII. — Culture du Riz.

QUESTION. — Culture du riz considérée au double point de vue du rendement et de l'amélioration du sol.

RÉPONSE. — Les terrains inondés étant seuls propres à la culture du riz, cette question ne saurait concerner que quelques parties insignifiantes de notre arrondissement ; elle peut avoir une grande importance pour celui d'Arles. Dans la Camargue et sur les terrains qui ont besoin d'être colmatés, la culture du riz pourrait offrir des avantages, puisque le séjour de l'eau douce, en Camargue, dessalerait les terres et permettrait une rotation dans laquelle les céréales sèches seraient cultivées pendant plusieurs années et là où le colmatage est nécessaire, il s'opèrerait pendant que la culture du riz donnerait des bénéfices annuels.

Toutefois, il ne faut pas se dissimuler que cette culture consomme beaucoup d'eau ; or, comme notre département n'a pas d'eaux d'arrosage, même pour les besoins les plus impérieux, on doit repousser une culture pareille. De plus, le séjour prolongé de l'eau dans les rizières rend insalubres les localités où se fait cette culture ; c'est un motif de plus pour désirer qu'on laisse cette céréale aux pays qui la cultivent déjà.

VIII. — Épizootie de la race porcine.

QUESTION. — Conditions hygiéniques à remplir pour empêcher le retour des épizooties qui déciment la race porcine. Avantages et inconvénients au point de vue de l'alimentation publique, de l'introduction et des croisements des races étrangères susceptibles d'un engraissement exagéré ?

RÉPONSE. — Une meilleure disposition des loges, beaucoup plus de propreté, une nourriture saine et réglée, le soin de ne pas pousser à la graisse pendant les fortes chaleurs, telles sont les conditions à remplir pour préserver sûrement les porcs de la maladie qui les décime.

L'engraissement exagéré doit être blâmé et, par suite, il faut désirer que les races anglaises pures ne se propagent pas. Les porcs anglais très gras se reproduisent difficilement. Au contraire, le croisement de cette race et de la race cochinchinoise avec nos races robustes mais beaucoup trop osseuses et maigres est vivement à désirer et à propager, car il rend fructueux l'engraissement du porc autrement peu avantageux.

La Chambre d'Agriculture émet le vœu que le Gouvernement favorise ces croisements par des dépôts de verrats anglais à la Ferme-Ecole de la Montauronne et ailleurs, et en faisant donner des prix par les Sociétés agricoles qu'il subventionne.

IX. — **Fumier de ferme.**

QUESTION. — Améliorations qu'il y aurait à apporter dans la fabrication du fumier de ferme ?

RÉPONSE. — Il convient d'encourager les agriculteurs par des primes et des récompenses décernées par les Comices et Sociétés d'agriculture, à donner au fumier de ferme des soins de conservation, un abri contre le soleil, une préservation contre les pluies, à le mettre en terre en temps utile sans le laisser se perdre par détérioration ; mais la Chambre d'Agriculture est d'avis qu'il importe de s'abstenir d'encourager les soins exagérés, qui entraînent des dépenses non rémunérées par les résultats obtenus.

X. — Tourteaux.

QUESTION. — Rechercher les moyens de réduire le prix des tourteaux, afin d'en faciliter l'emploi.

RÉPONSE. — Le meilleur moyen de faire baisser le prix des tourteaux consiste dans l'introduction d'une plus grande quantité de graines oléagineuses. Le commerce et l'industrie en ressentiraient les effets aussi bien que l'agriculture, puisqu'en même temps que les premières profiteraient d'une augmentation de mouture, de main-d'œuvre et de production, les cultivateurs recevraient une plus grande masse de tourteaux. Aussi, la Chambre d'Agriculture émet le vœu que le Gouvernement favorise cette introduction par tous les moyens possibles.

XI. — Récolte des Fruits.

QUESTION. — Quelles sont les variétés de fruits qui, avec les facilités qu'offrent les chemins de fer, pourraient le mieux convenir comme rendement supérieur à celui des céréales, vignes, etc. ?

RÉPONSE. — Ce sont les amandes vertes, les raisins de table et les figues. Quant au pêcher, à l'exception de la vallée de la Durance, dans laquelle il a réussi, il ne donne en général que des produits faibles et incertains dans l'arrondissement d'Aix.

XII. — Eaux d'irrigation.

Question. — Quels seraient les moyens à employer pour empêcher la déperdition des eaux de la Durance employées à l'irrigation ?

Réponse. — La Chambre d'Agriculture n'a pas à sa disposition les éléments nécessaires pour répondre à cette question. Elle pense, qu'en ce qui concerne les canaux de l'arrondissement d'Aix, il n'y a pas des déperditions d'eau et que, au surplus, il importe de diriger sur ce point l'attention des ingénieurs de l'Etat, afin que : 1° si des déperditions existent, des mesures soient prises pour contraindre les concessionnaires à faire un emploi plus régulier des eaux qui leur sont livrées ; et 2° que, lorsqu'il est constaté qu'une partie de ces eaux n'est pas employée, elle soit distraite des concessions pour servir à de nouvelles concessions à accorder, en vue de besoins mieux justifiés.

Il convient d'ajouter que c'est à Marseille surtout qu'il y a déperdition, attendu que le volume d'eau amené dans cette ville est supérieur à ses besoins et à ceux de son territoire. Aussi, la Chambre d'Agriculture pense-t-elle qu'il serait opportun que la ville de Marseille fût contrainte à accueillir les demandes d'eaux d'arrosage qui lui sont faites par les propriétaires riverains du canal dans son parcours à travers l'arrondissement d'Aix.

Plus rien n'étant à délibérer, la séance est levée, et M. le Président a déclaré close la session de 1863.

Aix, le 15 juin 1863.

LE PRÉSIDENT,

Bⁿ de FARINCOURT.

LE SECRÉTAIRE,

BARTHÉLEMY.

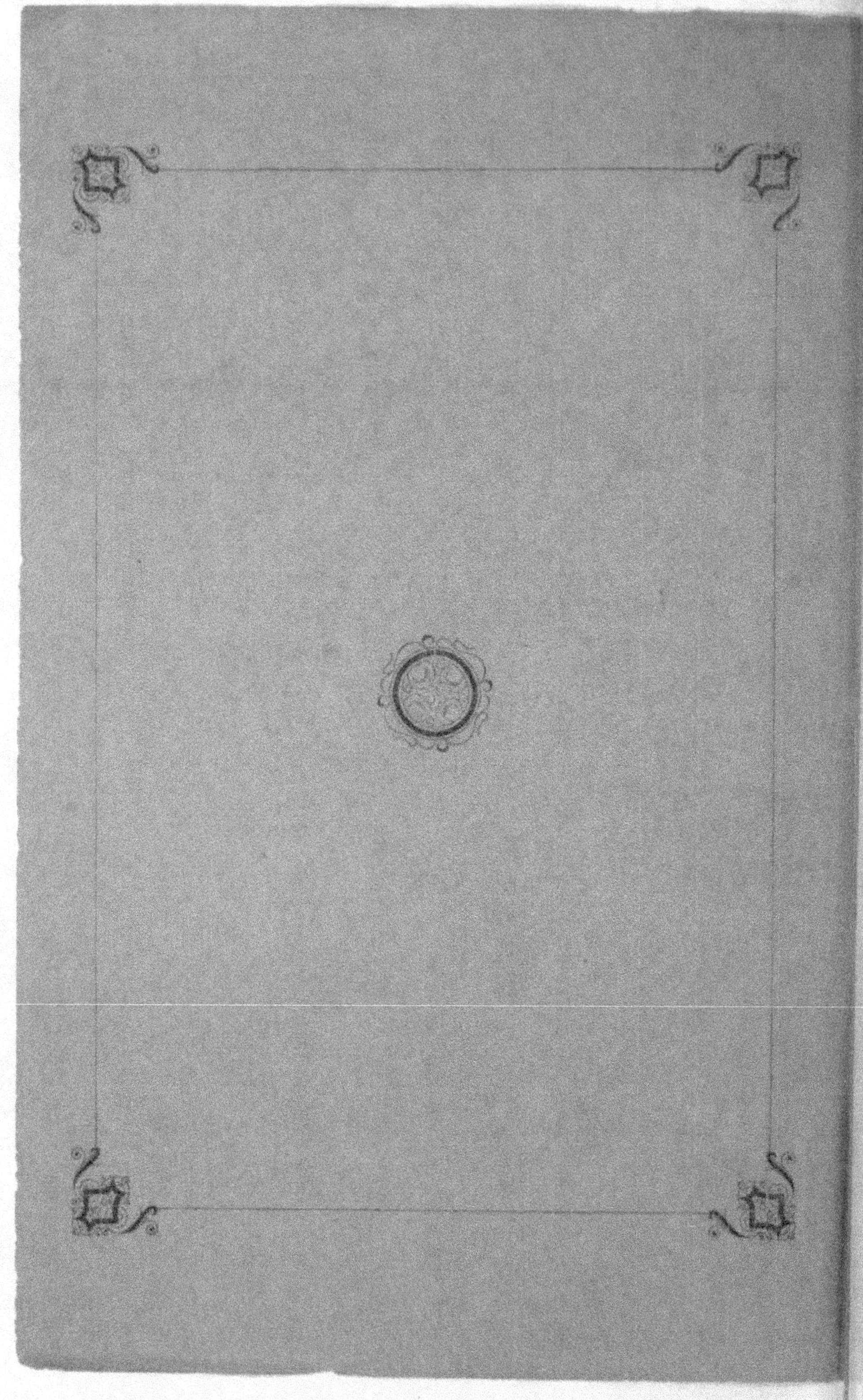